Dampflokomotiven in Österreich

Harald Navé

Dampflokomotiven in Österreich

mit 135 Abbildungen

Franckh'sche
Verlagshandlung
Stuttgart

Schutzumschlag gestaltet von Edgar Dambacher

Alle Fotos stammen vom Autor, ausgenommen Seite 18 oben und Seite 108 unten, welche Archivbilder sind (Aufnahmen, soweit bekannt, von A. Niklitschek).
Das Foto auf dem Schutzumschlag: Der Krausel-Klause-Viadukt auf der Semmering-Nordrampe. Im Hintergrund Krausel-Tunnel und Weinzettelwand. Die Aufnahme entstand am 4. September 1955 und zeigt den D 581 Wien-Süd—Villach—Rom, geführt von 95.124 und 12.03, auf diesem großartigen Streckenabschnitt.

ISBN 3-440-03949-8 / LH 19 hä / Gesamtherstellung: Reiff-Druck, 76 Offenburg.

Schon in sehr jungen Jahren beeindruckte mich die Technik sehr, und da sie sich wohl nirgends besser beobachten ließ als auf der Eisenbahn mit ihren damals noch fast ausschließlich das Feld beherrschenden Dampflokomotiven, zog es mich immer wieder dorthin. Vielleicht war es auch die Lage der Wohnung meiner Großmutter, welche, wenn auch aus einiger Entfernung, einen ausgezeichneten Blick auf die Westbahn bot, wodurch mein Interesse gerade für die Bahn besonders geweckt wurde.

Riesige Räder und scharfer Auspuffknall, das erstere Merkmal ohne Zweifel der Reihe 310 zugehörend, das letztere der 214er, sind mir bis heute aus jener Zeit in Erinnerung geblieben.

Nach 1945 war von einem glanzvollen Schnellzugdienst in Österreich natürlich keine Rede mehr, der Zustand von Oberbau und Fahrpark ließen nicht einmal solche Gedanken zu. Trotzdem lag noch immer ein Rest des Ruhms einstiger Tage über der Westbahn, und so sowie nach dem oben Gesagten ist es nicht verwunderlich, daß ich auch meine ersten Schritte als Eisenbahnfotograf auf der österreichischen Westbahn machte. Unvergeßliche Eindrücke mußten unfotografiert bleiben: Eine Bergfahrt in der Morgendämmerung über die Westrampe des Rekawinkler Berges, wobei die Dampfwolken über der den Zug führenden 214er fast ständig glutrot gefärbt waren. Oder die einzige mir echt in Erinnerung gebliebene Fahrt mit einer 310er als Zuglok vor einem Sonderschnellzug nach Salzburg. Eine besondere Einlage auf dieser Fahrt war eine Anfahrt nach einem Signalaufenthalt in der vollen 10 ‰-Steigung des Rekawinkler Berges.

Den Anfang zu richtigen Betriebsaufnahmen machte ich anläßlich der Aufnahme des durchgehenden elektrischen Betriebes auf der ganzen Westbahn im Dezember 1952. Dieses Datum, welches eine Zäsur im Betrieb der Österreichischen Bundesbahnen darstellte, soll zeitlich gesehen zum Ausgangspunkt der Bilderfolge dieses Buches werden, mit welcher der Betrachter einen Überblick über den Dampfbetrieb in Österreich, wie er sich bis zu unseren heutigen Tagen entwickelte, erhalten soll.

Weit über hundert verschiedene Lokomotivbaureihen der ÖBB und der Privatbahnen waren im Jahre 1952 in Betrieb. Der Einfluß der Deutschen Reichsbahn spiegelte sich im Lokomotivpark und in den Reihenbezeichnungen noch deutlich wider. Die Zeit des Existenzkampfes der Nebenstrecken war noch fern, Betriebseinstellung fast ein Fremdwort. Auf Verständnislosigkeit stieß unter diesen Umständen allerdings auch der Gedanke, Dampflokomotiven betriebsfähig für museale Zwecke aufzubewahren. Gerade damals im Jahre 1952 und kurz danach, als die 310er, fast alle 214er und die drei S 10^1 aus dem Dienst gezogen wurden, hätte man mit geringen Kosten viel in dieser Richtung tun können. Solche Ideen drängen sich wohl gerade beim Betrachten der an den Anfang gestellten Aufnahmen auf, der betriebsfähigen 306.03 in Wiener Neustadt und der erstklassig konservierten S 10^1. Was schließlich in dieser Hinsicht doch noch geschah, erinnert, von ganz wenigen löblichen Ausnahmen abgesehen, eher an das Bild des Schrottzuges am Ende der Bilderfolge (Seite 111).

Doch zurück zum Thema des Buches. Bei der soeben dargelegten Vielfalt des Betriebes hätte es den Rahmen eines einbändigen

Werkes entschieden gesprengt, von allen Lokomotivtypen und von allen Strecken, womöglich noch von allen besonders markanten Punkten derselben Bilder zu bringen. Ich bemühte mich daher, ausgehend vom Wiener Raum, auf welchen das österreichische Eisenbahnnetz orientiert ist, vor allem den Alltagsbetrieb mit den im regulären Dienst eingesetzten Lokomotiven auf den wesentlichsten Strecken des Landes im Bilde festzuhalten.

Das Wort „Alltagsbetrieb“ hat vielfach keinen Reiz, und gerade um dieser so falschen Meinung zu begegnen, welcher ich leider auch selber nur allzuoft erlegen bin, soll es als Leitgedanke über diesem Werk stehen. Zur Illustration des gerade Gesagten möchte ich zwei Begebenheiten erwähnen:

Eine Fahrt zum Semmering war seinerzeit ein Ereignis – die Sache kostete viel Geld. Natürlich wurde man nach der Rückkehr von Gleichgesinnten nach dem Ergebnis befragt. Hatte sich nichts anderes als die übliche Bespannung der Schnell- und Güterzüge eingestellt, das heißt 95er vor 33er und die erstere Lok als Vorspann und Schub mit einer 42er als Zuglok, so war der Kommentar geringschätzig. Ich wage hohe Wetten abzuschließen, daß bei einer Wiederholung einer solchen Alltäglichkeit anno 1972 mindestens für die besten Fotostandplätze Platzkarten ausgegeben werden müßten und daß auch diejenigen, welche solches einst mit einer Handbewegung schlicht abtaten, vollzählig aufmarschieren würden.

Noch krasser drückte es schon vor sehr vielen Jahren unser Kollege Herr Kraus aus, zu einer Zeit, als die Reihe 52 geradezu gehaßt wurde wegen der Häufigkeit ihres Auftretens und weil sie für das Ausscheiden vieler altösterreichischer Typen, begünstigt durch ihre Einfachheit und universelle Einsetzbarkeit, verantwortlich war. Er sagte damals, Fotografen und Schaulustige würden sich einst ob der Veranstaltung einer Fahrt mit einer 52er scharenweise einfinden. Ich glaube, diese Tage sind inzwischen fast gekommen.

Sehen wir uns nun einmal in Wien und seiner Umgebung etwas um. Der von Wien ausgehende Eisenbahnverkehr spielte sich im wesentlichen auf drei Bahnhöfen ab: West-, Süd- und Franz-Josefs-Bahnhof. Der Nordwest- und Ostbahnhof hatten einen eher bescheidenen Verkehr und glichen in ihrem zerstörten Zustand mehr Abfahrtsstellen denn Bahnhöfen. Der Nordbahnhof, an dessen Stelle dann der Durchgangsbahnhof Praterstern gebaut wurde, war stillgelegt. Der Westbahnhof erstand als erster in neuer Form und wurde damals nicht wenig bewundert. Der Franz-Josefs-Bahnhof ist inzwischen zum letzten Zeugen der alten Bauweise mit geschlossener Halle geworden, ohne allerdings in seinem heutigen Erhaltungszustand dem Ansehen der Bahn zu dienen. Am neuen Westbahnhof dampfte es noch geraume Zeit nach Aufnahme des elektrischen Betriebes. An schönen Sonntagen herrschte reger Ausflugsverkehr, und zu dessen Bewältigung wurden nicht nur leere Schnellzuggarnituren, sondern auch Loks der Reihen 33, 52, 78 und 93^4 verwendet. Im Fernverkehr kamen zu Spitzenzeiten noch öfters die Amstettner und St. Pöltner nach Wien. Natürlich waren die 52er auch noch lange Zeit im Güterzugdienst eingesetzt. 77er besorgten den Anschlußverkehr nach Ungarn. Ein besonderer Leckerbissen für Fotografen war während einiger Jahre der Leichtgüterzug (Leig) von Amstetten, welcher der jeweils letzten 15er und 39er Einsatzmöglichkeiten bot.

Auf der Südbahn wurde der Personenverkehr fast ausschließlich von den Reihen 33 und 77 beherrscht. Etwas Abwechslung brachten vier Maschinen der einst berühmten Reihe 214 und drei polnische Pt-31 (919), welche auf der Westbahn nach der Elektrifizierung frei geworden waren. Die übrigen 214er wurden als russische Beutelokomotiven, für deren Einsatz eine Miete zu bezahlen war, abgestellt.

Eine rechte Freude scheint man mit diesen großen Maschinen auf der Strecke Wien–Villach nie gehabt zu haben. Einerseits waren sie nach hoher Beanspruchung während des Krieges und auch infolge schlechter Pflege in einem jämmerlichen Zustand, andererseits stellte der Semmering mit seinen 190 m-Bögen und 25‰-Rampen extreme Betriebsbedingungen dar. Galt schon auf der Westbahn, daß insbesondere die Heizer auf der 214er Spezialisten ihres Faches sein mußten, so bildeten sich auf der Südbahn solche nie heraus, und auch nur wenige Führer wußten richtig mit ihr umzugehen.

Einen von ihnen, Meister Hable, werde ich wohl nie vergessen. Er verstand es, die Ungetümer zu handhaben und die entsetzlich langen Fahrzeiten im Verspätungsfalle gewaltig zu unterbieten. Er hatte seine

Prinzipien: „In St. Egyden will i' mein' neun'zga fahr'n" und „I' möcht a anständig's Feuer hab'n".
Zum ersteren ist zu bemerken, daß St. Egyden die erste Station nach Wiener Neustadt auf der mit etwa 7‰ ansteigenden Strecke nach Gloggnitz ist. Die Zuggewichte lagen häufig bei 600 t, und wenn eine 33er den Zug führte, war diese Fahrt oft bedrückend langsam. Der zweite Ausspruch entstand nach einem Personalwechsel in Knittelfeld und einer Inspektion des Feuers.
Die „Großen" liefen zwar in einem festen Turnus mit den schweren Zügen, aber auch zu einer Zeit, als die Anzahl der Maschinen noch ausgereicht hätte, fand man es nicht für notwendig, kürzere Fahrzeiten einzuführen, welche den Einsatz gerechtfertigt und logisch gemacht hätten. Schließlich waren nur noch je eine 214er und 919er übrig, und die Bevorzugung der gewohnten, weniger reparaturanfälligen und handlicheren, wenn auch lahmen und öfter Vorspann ab Wien benötigenden 33er überraschte daher nicht. Mit der Aufnahme des elektrischen Betriebes bis Gloggnitz im Herbst 1956 hatte die letzte Stunde für die großen Loks geschlagen. Die 12.10 wurde nach einigem Hin und Her für das Eisenbahnmuseum erhalten.
In Richtung Osten und Norden spielte sich der Verkehr lange Zeit auf „Sparflamme" ab, und die geringen Streckenlängen taten ein übriges, daß man mit der 77er als Schnellzuglok das Auskommen fand.
Die Franz-Josefs-Bahn hatte lange Zeit überhaupt nichts Besseres als einen Kurswagen nach Prag im Gmünder Eilzug. Die 78er der Westbahnstrecke kamen hier ab 1952 auf vielen Zügen zum Einsatz. Damit war immerhin die Bespannung der Züge schnellzugwürdig, führten doch diese Maschinen einst sogar den Arlberg-Expreß. Fast hätte es 1956 noch eine kleine Sensation gegeben. Damals wurde wieder ein Eilzug mit leidlichen Fahrzeiten nach Berlin eingeführt. 33er von der Südbahn kamen zur FJB. Jemand plante den Einsatz der 919er, ob auch der 12.10, ist nicht verbürgt. Die erstere stand jedenfalls plötzlich im Heizhaus Wien FJB. Die Streckenleitung soll den Einsatz dann verboten haben.
Im Lokalverkehr war hier die 75er zu finden, als Triebwagenersatz der Dampftriebwagen 3071, wegen seiner einstigen Typenbezeichnung DT 1 spöttisch „Dorftrottel" genannt.
Die 429er (Reihe 35), auf vielen österreichischen Strecken ein Mädchen für alles, wurden mit der Versetzung von Loks der Reihe 77 der Südbahnstrecke endgültig aus dem Wiener Raum abgezogen. Auch die 75er kamen bald darauf auf der FJB außer Dienst.
Der Personenverkehr auf den anderen Strecken wurde größtenteils von der 77er bewältigt, einige kleinere Züge liefen noch bis 1959 mit der Reihe 75, welche dann in diesen Diensten durch 3071er und 77er abgelöst wurde.
Der Güterzugverkehr in Wien und auf allen Strecken der näheren und weiteren Umgebung war eine Domäne der Reihe 52. Nicht unbedeutend war der Einsatz der G 10 auf der Vorortstrecke und der Verbindungsbahn. Mit der Rückgabe der russischen Beutelokomotiven kam auch die gute alte 80er, Gölsdorfs berühmte Fünfkupplermaschine, wieder vermehrt zum Einsatz. Von Bedeutung waren noch die 270er (156) der Zfl. Wien-Ost und die 73er (55.57) aus Stadlau, beide vor allem im Verschub und Überstelldienst. Diverse Einzelstücke deutscher Bauarten und alter österreichischer Reihen bereicherten das Bild.
Die klassische Vorschublok in Wien war die 478er (392.25), und wer sich noch an ihre Blitzstarts, z. B. am Westbahnhof, mit schwersten Schnellzuggarnituren erinnern kann, wird kaum daran zweifeln, daß sie es mit den meisten heute für diese Zwecke verwendeten Dieselloks aufnehmen könnte.
Nicht zu vergessen wäre noch das Erscheinen einiger 95er auf der FJB nach der Elektrifizierung des Semmerings. Sie waren im Güterzugdienst und auch vor Lokalzügen nach Tulln eingesetzt, letzteres ein kaum sehr geeignetes Tätigkeitsfeld für diese ausgesprochenen Bergmaschinen mit 60 km/h Höchstgeschwindigkeit. Ausgezeichnete Laufeigenschaften gestatteten dieses Tempo zu überschreiten, allerdings wohl kaum in wirtschaftlicher Art. Ähnliches geschah, wenn die Sigmundsherberger beim Gmünder Eilzug ab Absdorf Vorspanndienst leisten mußten, was ich selbst miterlebt habe.
Es bleibt natürlich die Frage offen, nach welchen Kriterien Höchstgeschwindigkeiten festgelegt werden. Ein Tempo von 80 km/h ist für die Reihe 52 zugelassen. Dabei wird einem auf dem Führerstand schon einigermaßen bange, und bei 90 km/h, welche nicht selten im Schnellzugdienst erreicht wurden, war die Sache ausgesprochen ungemütlich.

Ich weiß nicht, wie schnell vorher gefahren wurde, als ich eines Abends eine 52er vor einem Triebwagenschnellzug, dessen Triebwagen einen Motorschaden hatte, in Bruck/Mur einfahren sah, aber die Art wie der Führer unmittelbar nach dem Anhalten seine Maschine inspizierte, sprach für sich. Das Fehlen von Tachographen auf den meisten Dampfmaschinen ließ noch Husarenstücke zu.

Die Lokalbahnstrecken im ganzen östlichen Österreich, und darüber hinaus eigentlich im ganzen Land, wurden von der Reihe 93 beherrscht. Diese von der BBÖ 1927 erstmals beschaffte Maschine darf wohl als die gelungenste für den Lokalbahndienst bezeichnet werden. Um dieser Feststellung zustimmen zu können, muß man sie erlebt haben: in Doppel- oder gar Vierfachbespannung auf den 40‰-Rampen der Schneebergbahn, oder mit gut 70 km/h fahrend, und das mit 1100 mm-Treibrädern, wenn sie zu Hauptverkehrszeiten auf der Süd- oder Westbahn bis Wien durchlief. So ist es auch nicht verwunderlich, daß sich die 93er bis heute, trotz starker Verdieselung, auf den Strecken des Wald- und Weinviertels noch halten konnten. Die Beliebtheit dieser Lokomotive war natürlich gerade bei den Fotografen eher gering, denn gleich der 52er brachte sie ein Element der Uniformität in den Lokalbahndienst.

Die Ausnahmen von der Regel waren die Strecken Zistersdorf—Drösing, wo die einst im Wiener Verschubdienst häufig anzutreffenden 155er ihr Gnadenbrot abverdienten, ferner Bierbaum—Neudau in der Oststeiermark und Mürzzuschlag—Neuberg. Auf der zweitgenannten Strecke blieb ein Verkehr im Stil der Jahrhundertwende erhalten, bis die Direktion es eines Tages bemerkte und schlagartig Jenbacher Dieselloks einsetzte. Die letztgenannte Strecke schließlich war das Refugium von Gölsdorfs Lokalbahntype, der einstigen 99er (Reihe 91), und niemand hätte sich vor zehn oder zwanzig Jahren davon träumen lassen, daß diese handlichen 1 C-Zweizylinder-Verbundloks hier bis zum Jahre 1971 Dienst tun würden, womit die Strecke zu einem Pilger ziel von Eisenbahnfreunden aus aller Welt wurde.

Damit sind wir eigentlich auch schon recht weit aus dem Raum Wien herausgekommen, in welchem heute durch Elektrifizierung und Einsatz von Dieseltriebfahrzeugen nur noch wenig Arbeit für die Dampfloks übriggeblieben ist. 77er und 78er gibt es noch im Heizhaus Wien-Nord, erstere auch in Wien-Ost. Die 52er stellen im Güterzugdienst nach wie vor ihren Mann.

Unsere Reise soll nun in südlicher Richtung weitergehen, und auf dem Weg zum Semmering wollen wir vorerst auf den Flügelstrecken der Südbahn Umschau halten.

Die Schneebergbahn habe ich schon erwähnt. Die von Puchberg ausgehende Zahnradbahn auf den Hochschneeberg, welche heute Schneebergbahn genannt wird, wird wohl noch auf geraume Zeit von den unverwüstlichen kleinen Zahnradloks befahren werden. Hier trat der von Dr. Ing. Adolph Giesl Gieslingen erfundene und nach ihm benannte Giesl-Ejektor[1], die ohne Zweifel wirksamste und modernste Blasrohranlage, seinen Siegeszug an. Erhebliche Leistungssteigerung, geringerer Kohlen- und Wasserverbrauch und die Möglichkeit, den Funkenwurf wirksam zu verhindern, waren die wesentlichsten Eigenschaften dieser Erfindung, welche noch kurz vor einem massiven Niedergang der Dampftraktion weltweite Verbreitung fand. Wirklich begonnen hatte man mit der 33.107, und auch hier möchte ich zur Belegung des Erfolges den schon vorgestellten Meister Hable zitieren, welcher der 33er mit „Giesl-Stutzen“, wie er den Ejektor zu nennen pflegte, klare Überlegenheit über ihre nicht umgebauten Schwestern zubilligte.

Des einen Freud' — des andern Leid, so sagt das Sprichwort, und unter Ästhetikern und Fotografen fand der Ejektor, besonders bei älteren Bauarten mit hohen Blasrohren, wenig Anklang. Ich möchte das diesbezügliche Urteil dem Betrachter der Bilder überlassen, aber doch feststellen, daß neuere Maschinen, wie zum Beispiel die 78er, durch die Verjüngungskur im Aussehen eher gewonnen haben.

Ebenfalls nach Westen führen die Strecken nach Gutenstein und über den Gerichtsberg, auf welchen sich das Wunder der „Verdampfung“ eine ebenso ungebräuchliche Wortkonstruktion wie ein ungewöhnliches Ereignis, abspielte. Nach Abzug der Reihe 2045 von Wien-Süd wurden wieder 77er der Zfl. Wiener Neustadt eingesetzt.

Im Osten der Hauptstrecke sind vor allem die Raab-Ödenburger Eisenbahn (GySEV) und die Strecke über den Wechsel zu erwähnen.

[1] „Der Giesl-Ejektor“ — Verjüngungskur für Dampflokomotiven IAL 7. Verlag J. O. Slezak, Wien.

Die GySEV stellt insofern ein Kuriosum dar, als sie von in Ungarn stationierten Loks und Personal auch im österreichischen Abschnitt bis Ebenfurth befahren wird. 270er in allerlei Umbaustadien mit der ungarischen Bezeichnung 403 taten hier lange Zeit den Dienst, bis sie von in Rußland überzählig gewordenen und an die Oststaaten verkauften 52ern abgelöst wurden. Diese kann man noch heute mit schweren Güterzügen, welche Schiebedienst erfordern, über die Ausläufer des Leithagebirges donnern hören.

Die Strecke über den Wechsel nach Graz, nicht ganz richtig Aspangbahn genannt, ist eigentlich bei Bahnverwaltung und Eisenbahnfreunden immer ein Stiefkind geblieben. Geringe Verkehrsdichte und nicht ein einziger, wirklich guter Zug waren die betrieblichen Merkmale. Die eingesetzten Zugloks der Reihen 52, 77 und 93 vermochten trotz vieler landschaftlicher Schönheiten und einer hochinteressanten Bergstrecke mit Kehrschleifen und 25‰-Rampen offenbar nicht genügend Anziehungskraft auszuüben. Ich habe viele Stunden des Wartens und viel Überwindung von Vorurteilen aufgebracht, um Fotos zu ergattern, und ich glaube, die Mühe hat sich gelohnt.

In krassem Gegensatz zur Vergessenheit und Weltabgeschiedenheit der Wechselstrecke stand die Popularität und Berühmtheit der Semmeringbahn, Ghegas Meisterwerk, der ersten europäischen Gebirgsbahn, mit zur Zeit der Inbetriebsetzung für unüberwindlich gehaltenen 25‰-Rampen. Hier fand die praktische Erprobung der ersten Gebirgsdampflokomotiven statt und wurde die Epoche des schweren Bergdienstes mit Dampflokomotiven auf Alpenbahnen im Jahre 1959 abgeschlossen. Die in Anlehnung an Gölsdorfs Reihe 100 gebaute württembergische 1 F-Lok der Reihe K legte am Semmering einen Beweis ihrer Leistungsfähigkeit ab. Trotz der Unbeliebtheit von Vierzylindertriebwerken bei den ÖBB, vor allem wegen des höheren Unterhaltsaufwandes, konnte sich eine K bis zuletzt halten, da man dank ihrem Einsatz bei schweren Zügen auf der Südrampe das Beistellen einer dritten Maschine vermeiden konnte. Auch die letzten 1945 für die österreichischen Strecken gebauten Dampflokomotiven, die 1 E-Kriegsloks Reihe 42, waren auf dieser Bergstrecke im Einsatz, wo sie Zuglasten bis zu 400 t über die Rampen schleppten.

Der Alltag am Semmering in den Jahren vor der Elektrifizierung sah etwa folgendermaßen aus: Für den Schiebe- und Vorspanndienst waren in Gloggnitz im Durchschnitt etwa zwölf 95er eingesetzt, welche auf der Bergstrecke bis zu 300 t befördern konnten. Für den gleichen Dienst wurden ab Mürzzuschlag 42er verwendet, welche auch die Zugloks der meisten Güterzüge waren. Der Schnell- und Eilzugdienst wurde fast ausschließlich von den 33ern beherrscht, 77er fanden sich vor einigen Personenzügen. Güterzüge ab Gloggnitz hatten fast ausnahmslos drei Maschinen, ebenso die schweren Schnellzüge.

Als die Elektrifizierung von Wien bis Gloggnitz vorgestoßen war, ergab sich die einmalige Situation, daß bei Beginn der Bergstrecke Dampfloks den Dienst übernahmen. Damals bürgerte sich die Sitte ein, Schnellzüge nur noch bei Bedarf von drei Loks nachzuschieben. Zu jener Zeit begannen die 35er wieder häufig über den Berg zu fahren, 95er kamen nun bis Mürzzuschlag, und als absolute Neuerung auf der Bergstrecke waren die Grazer 78er zu werten.

Über den Einsatz der „Großen“, d. h. der Reihen 12 und 919, habe ich schon vorher berichtet. Es wäre hier noch nachzutragen, daß der geringe Unterschied in der Regelbelastung, 240 t bei der 12er gegen 210 t bei der 33er, ein weiteres Argument gegen den Einsatz dieser Maschinen lieferte. Aus meinen persönlichen Erfahrungen bei Führerstandsfahrten muß ich sagen, daß höhere Zuglasten für die 12er sicher gerechtfertigt gewesen wären.

Gut in Erinnerung ist mir noch eine Fahrt mit Ex 199 und der 12.10. Das Zuggewicht betrug etwa 500 t, also war nur eine Schiebelok erforderlich. Die Regelfahrzeit für Schnellzüge war damals ab Gloggnitz inklusive des Aufenthaltes in der Station Semmering 55 bis 60 Minuten. Im Jahre 1939 schaffte man es in 45 Minuten. Die Erklärung für diese Fahrzeitverlängerung ist einfach: zur Schaffung einer Fahrzeitreserve wurde der seinerzeitige Demarkationslinienaufenthalt in die Fahrzeit eingebaut. Praktisch wurde anstandslos in 40 Minuten zu Berg gefahren. Zur besonderen Ironie wurden die Verhältnisse, als der elektrische Betrieb bis Gloggnitz aufgenommen wurde – mit Fahrzeitverkürzungen natürlich. Der Aufenthalt zur Beistellung der Bergmaschinen betrug vorher zehn Minuten, um die Jahrhundertwende benötigte man dafür fünf Minuten, nun waren es deren fünfzehn. Die durch viele Langsamfahrstellen bis Gloggnitz verursachten Verspätungen waren so groß,

daß nach verkürztem Aufenthalt auch noch auf der Bergstrecke Fahrzeit aufgeholt werden mußte. So war jedenfalls oft eine zügige Fahrt zu erleben. Die Öffentlichkeit wurde allerdings hinters Licht geführt.
Auch in jener Nacht fuhren wir etwas verspätet von Gloggnitz ab, und die Fahrt versprach daher interessant zu werden. Abfahrtspfiffe — lang - kurz - kurz — Antwort von der Schiebelok und ein kurzer Pfiff der 12.10, der Führer zieht am schweren Regler, und mit dem charakteristischen harten, knallenden Auspuff setzt sich unsere riesige Maschine in Gang. Es folgt eine flotte Fahrt bis Payerbach, wo bereits einige Minuten aufgeholt sind. Nach dem großen Bogen, in welchem der Schwaza-Viadukt liegt, setzt die volle Steigung ein, welche bis zur Station Eichberg nur einmal kurz im Pettenbachtunnel reduziert ist. Der Führer legt eine Hand vorsichtshalber auf das Sanderventil, um jegliche Ansätze zum Schleudern im Keim ersticken zu können. Die 12.10 läuft am „Gewerkschaftsstrich". So haben wir einmal diejenige Einstellung von Regler und Steuerung getauft, welche deutlich markiert ist, sparsamste Bewegung unter allen Umständen garantiert und etwa 25 % Füllung bei halb geöffnetem Regler entspricht. Auch so ist der „Spruch" der 12er beeindruckend, aber die Fahrgeschwindigkeit sinkt rasch auf etwa 25 km/h ab. Im Pettenbachtunnel beschleunigt sich die Fahrt rasch, das gleiche geschieht auch in der sehr langen Station Eichberg, wo der Ausfahrtsbogen unter dem Geräusch auflaufender Spurkränze mit gut 60 km/h genommen wird. Eine sehr lange, anhaltende Steigung nach Klamm—Schottwien liegt jetzt vor uns. Der Heizer hat bisher in regelmäßigen Abständen, aber nicht übermäßig stark, nachgefeuert, die Speisepumpe läuft dauernd. Wieder sinkt die Geschwindigkeit auf etwa 25 km/h, ein Blick des Führers auf Uhr und Fahrplan zeigt, daß wir Fahrzeit zusetzen. Da kommt auch schon der Heizer zu uns herüber und beschwert sich: „Du die da hinten tun überhaupt nichts, seit Gloggnitz hat's noch nie schwarz geraucht." Die Gloggnitzer hatten offenbar nicht an den Verräter gedacht, den Vollmond, der ihre Faulenzerei ruchbar werden ließ. Es war ein ungeschriebenes Gesetz am Semmering, daß sich die Zuglok nicht allzusehr anstrengen mußte, da die Mannschaft noch einen weiten Weg vor sich hatte, aber diesmal vertrauten die „Helfer" offenbar zu sehr auf die Bärenkräfte an der Zugspitze. Des Führers Geduld reichte bis Klamm, und als dort noch keine Zeichen einer Änderung merkbar wurden, die Verspätung aber anwuchs, entschloß er sich zur Tat. „Pepi, brenn ein", lautet der Befehl, und er zieht den Regler auf Volldampf und erhöht die Füllung. Mit rasendem Auspuffschlag schießen wir am Bahnhofsende in den Klammtunnel, und nun wird bei jeder Bogeneinfahrt gesandet. Es ist ein Vergnügen zu beobachten, wie die Maschine jetzt arbeitet, der Führerstand ist häufig in glutrotes Licht getaucht, und grimmige Hitze verbreitet sich bei offener Feuertür, so daß die Überkleider zu riechen beginnen. Mit grellem Pfiff fahren wir, noch immer mit sicher gut 40 km/h, in den langen Weinzettelwandtunnel ein und beschleunigen nach der Ausfahrt aus dem Weinzettelwandtunnel stark bei der Durchfahrt durch Breitenstein. Wir können diesen Anlauf zur Bewältigung des folgenden, schwierigen Streckenabschnittes gut brauchen. Herrlich erstrahlt die hier großartige Landschaft mit den berühmten Viadukten — Krausel-Klause und Kalte Rinne — im Mondlicht. Ohne Schwierigkeiten werden die sehr engen Bögen dieses Teiles der Strecke durchfahren. Die Mannschaft der Schiebelok läßt sich's weiter wohl sein, und nach einem neuerlichen Blick auf die Uhr geht ein zufriedenes Lächeln über das Gesicht des Führers. Am Semmering werden wir pünktlich sein! Bald ist die Haltestelle Wolfsbergkogel erreicht. Die Steigung nimmt ab, der Regler wird etwas zurückgenommen und bald nach Durchfahren des Kartnerkogeltunnels geschlossen, der Führer betätigt den Druckausgleich, was zu dem für die Zwölfer typischen Knall beim letzten Auspuffschlag führt, der nun von den umliegenden Bergen widerhallt. Ein kurzes Kreischen der Bremsen — wir stehen auf fast 900 m in der kühlen Nachtluft in der Station Semmering. Führer und Heizer steigen rasch von der Lok, um die Lager zu kontrollieren. Es ist alles in Ordnung. Die Schiebelok hat inzwischen abgehängt, die Bremsprobe ist erledigt, und schon schwenkt der Fahrdienstleiter die grüne Laterne. Wir fahren in den Scheiteltunnel ein, es liegt noch ein langer Weg vor uns, aber das größte Hindernis, der Semmering, ist überwunden!
Am 29. Mai 1959, etwa um 15 Uhr, setzte sich unter ohrenbetäubendem Pfeifen ein endloser Lokzug von Gloggnitz in Richtung Wien in Bewegung. Die „tief trauernden Gloggnitzer" nahmen Abschied. Die Elektrifizierung hat dieses Heizhaus überflüssig gemacht, zwei Berufe,

Führer und Heizer, sind in dieser Gegend fast schlagartig ausgestorben. Ich fuhr damals mit und hatte so nicht nur die einmalige Gelegenheit, bei einer historischen Fahrt mit dabeizusein, sondern auch die bequemste Heimfahrt vom Semmering. Sieben Loks fuhren direkt nach Wien FJB, d. h. bis fast vor meine Haustür.

Auch elektrisch ist eine Fahrt über den Semmering noch immer ein Erlebnis, und diese Strecke ist wie seit ihren ersten Tagen ein Prüfstein für neue Lokomotiven geblieben. Hier wurden die 1042er getestet und die Probleme des sandlosen Fahrens entdeckt, die schweizerischen BLS-Thyristorloks versuchten sich an dieser Gebirgsbahn, und auch die neue 1043er der ÖBB mußte sich hier bewähren.

In der Steiermark, jenseits des Semmerings, waren und sind noch immer zwei nicht zur ÖBB gehörende Betriebe von besonderem Interesse: die Graz-Köflacher-Bahn (GKB) und die Steiermärkischen Landesbahnen, von bösen Zungen „Langsambahnen“ genannt.

Die GKB war lange Zeit ein lebendes Museum der alten k. k. priv. Südbahngesellschaft, waren doch dort die 2-B Reihe 17c, die C-Reihe 29 und die C-t Reihe 32d beheimatet. Ehemalige Wiener Stadtbahnloks der Reihe 30 ergänzten den Fahrpark. Dann kamen in den frühen fünfziger Jahren als große Neuerung die 170er hinzu, welche nun von überzähligen 52ern der ÖBB abgelöst werden. Die GKB hatte die letzten 2-B Lokomotiven in Mitteleuropa in Betrieb, von denen eine, die 372, fast wie durch ein Wunder betriebsfähig erhalten blieb.

Die 17c und der ehemalige Direktor der Bahn, Herr Deisinger, waren fast ein und derselbe Begriff. Ich glaube, ohne Herrn Deisinger wären diese edlen Renner wohl viel früher aus dem Betrieb verschwunden. Eine Fahrt mit einer 17c war etwas ganz Besonderes. Da war die 15‰-Rampe nach Deutschlandsberg mit den schweren Samstagszügen zu überwinden, oder es konnte bei geringerer Last und wenn der Führer gut aufgelegt war vorkommen, daß er scherzhaft zu seinem Heizer sagte: „Komm, Pepi, zeig ma dem Herrn was“, worauf der Pepi einkachelte und der Führer auf gut 90 km/h beschleunigte. Sie wollte gut gepflegt sein, die 17c, wer nicht gut schmierte, fuhr schlecht, d. h. hatte einen Heißläufer.

Das Schaustück der GKB schlechthin ist heute die 671, die letzte betriebsfähige 29er, eine ehrwürdige Dame von über hundert Jahren. Bis vor wenigen Jahren tat sie Dienst in Bärnbach oder Köflach, heute steht sie noch für Sonderfahrten zur Verfügung.

Auch die GKB hatte ihren „Berg“. Die Liebocher 5‰-Rampe mit Kontrabögen und feuchten Einschnitten war das gefürchtete Hindernis für die Köflacher Kohlenzüge. Vorspann war hier an der Tagesordnung, und 30er vor 56er oder zwei 56er spielten oft wahre „Sinfonien in Verbundauspuff“.

Im Betrieb der GKB stand die Sulmtalbahn, welche zuletzt von den 30ern befahren wurde. Im Zuge moderner Verkehrspolitik fiel die Strecke einem echten Meuchelmord zum Opfer.

Die Steiermärkischen Landesbahnen befahren drei 760 mm-Schmalspurstrecken und eine Normalspurlinie mit Dampfloks. Das „Flaggschiff“ der Schmalspurstrecken ist die Reihe U mit Kobelrauchfang. Technisch besonders erwähnenswert sind die E-t der Reihe Kh der Murtalbahn. Nach der Stillegung der SKGLB kamen drei Loks, die Nrn. 7, 11 und 12, in die Steiermark. Nr. 11 ist jetzt als S 11, noch fast im Originalzustand, mit Sonderzügen auf der Strecke Preding—Stainz im Einsatz.

Auf allen Strecken hielten Dieselloks Einzug. Jedoch wird vor sogenannten Bummelzügen im Murtal und in Weiz im Sommer noch gedampft. Eine besondere Attraktion ist die liebevoll wiederhergestellte Lok 2 „STAINZ“, welche mit Genehmigung der Aufsichtsbehörde von Amateurlokführern gemietet werden kann. So hat diese Bahnverwaltung einen Schritt getan, welcher gar nicht genug gewürdigt werden kann. Schmalspurig fährt man heute nicht nur aus einem Transportbedürfnis heraus, sondern zum Vergnügen.

Die Normalspurstrecke von Gleisdorf nach Weiz beherbergte unter anderen zwei Maschinen schweizerischer Herkunft, die einzigen auf österreichischem Boden. Eine ausgezeichnet gepflegte 93er versieht heute Reservedienst.

Zwei Streckenabschnitte der Dampfstrecken sind bisher der praktisch vollkommenen Einstellung anheimgefallen: Thörl—Au—Seewiesen und Birkfeld—Ratten. Im ersteren Falle liegt der Grund eindeutig darin, daß der einst projektierte Seebergdurchstich von Mariazell her nicht verwirklicht wurde. Die Flügelstrecke in ein fast unbewohntes Tal hat damit in unserer Zeit so gut wie jeden Zweck verloren. Im zweiten

Fall ist die Kohlenkrise verantwortlich. Der Bergbau Ratten mußte zusperren. Leider hängt auch ein Damoklesschwert über den anderen Linien. Bürokratie, mangelnder Unternehmergeist und die noch immer weitverbreitete und nicht überwundene Einstellung des „mir san mir“, zu deutsch: die Fahrgäste sind für die Bahn da und nicht umgekehrt, tragen hier wie an vielen anderen Orten, und nicht nur in Österreich, zu einer laufenden Verschlechterung der Lage bei. Mit Verkehrseinschränkungen, wie der Einstellung des gesamten Schienenverkehrs auf der Murtalbahn an Sonntagen außerhalb der Sommersaison, und der Taktik, ein bis drei Zugpaare pro Tag und zwei rumpelnde Autobusse zu führen, wird man der Situation kaum Herr werden können.

Weiter gegen Süden vorstoßend, kommen wir in das Bundesland Kärnten. Die Verkehrshauptachse bildet die Südbahnstrecke, eigentlich die ehemalige Kronprinz-Rudolf-Bahn, welche über Villach nach Tarvis führt. In Villach wird sie von der zu Beginn des Jahrhunderts gebauten „Neuen Alpenbahn“ Laibach und Triest—Salzburg gekreuzt. Diese Linie schließt drei bedeutende Alpenübergänge ein. Die Wocheinerbahn im Süden, heute im Betrieb der JŽ, die Karawankenbahn, welche im Karawankentunnel die Grenze überschreitet, und die Tauernbahn. Beide Strecken sind elektrifiziert, die Tauernbahn seit dem Jahre 1935.

Genaue Betrachter der Linienführung werden sich sicher den Kopf über die mit zahlreichen Kunstbauten versehene Linie Klagenfurt—Rosenbach zerbrechen, welche jetzt nur noch einige Triebwagenzüge und einen Sammler aufzuweisen hat. Im Kursbuch des Jahres 1914 war diese Strecke Bestandteil der Linie St. Veit/G—Triest und bot zwei Schnellzugpaare mit direkten Wagen von Deutschland.

Villach war zu Dampfzeiten ein äußerst betriebsamer Knotenpunkt mit zwei Heizhäusern, Seebach und West. Seebach schloß 1953 seine Pforten. Es ist vielleicht erwähnenswert, daß drei 310er hier ihre letzten Tage zubrachten. Neben den Reihen 33 und 52 beherrschte hier die 35er das Feld, sie war sogar auf kürzeren Strecken im Schnellzugdienst eingesetzt. 258 (ehemals 580) und 175 zählten zu den in geringerer Stückzahl hier beheimateten Maschinen. Die ehemalige DR war durch die Reihe 86 vertreten.

Der Betrieb der beiden Kärntner Schmalspurbahnen, der Strecken Völkermarkt—Eisenkappel und der Gurktalbahn, wurde mit Gewalt langsam abgewürgt. Beide hatten vor ihrem Ende nur noch Güterverkehr auf Teilstrecken. Bei der Gurktalbahn war eine kleine Streckenauswaschung nach einem Wolkenbruch ein willkommener Grund zur Betriebsumstellung auf Schienenersatzverkehr, und das nachdem vorher in jahrelanger Arbeit der ganze Oberbau erneuert worden war. Die Bahn ins Vellachtal wurde zugesperrt, obwohl der Güterzug mehrmals täglich fahren mußte, um den Frachtanfall zu bewältigen. Ohne Zweifel war die Sache nicht rentabel, solange man auf eine Betriebsführung nach Gesichtspunkten von anno dazumal beharrte.

Fahren wir auf der Strecke Marburg—Lienz—Franzensfeste der alten k. k. priv. Südbahn westwärts, so erreichen wir knapp vor Lienz Tiroler Boden. Die Zfst. Lienz war bis in die Mitte der fünfziger Jahre ein Reservat echt österreichischen Dampfbetriebes und hatte mit der Pustertalstrecke nach Innichen eine Art von nur noch wenig anzutreffendem Bergbetrieb zu bieten. 135 vor 258 und 258 als Schiebelok, so wurde der schwere tägliche Güterzug, meist mit Holz für den Export nach Italien beladen, durch das enge Tal bergwärts geführt. Die 258er wurden vor ihrem Ausscheiden aus dem Fahrpark noch nach Griechenland vermietet, 57er und später 35er nahmen ihre Stelle im Güterzugdienst ein, während der Personenverkehr schon verdieselt war. 52er waren die letzten Dampfloks der Strecke. Die 33er machten hierher mit Eilzügen von Wien ihre längsten Durchläufe. Bis in die sechziger Jahre wurde als Relikt des einstigen Südbahnverkehrs ein Kurswagen nach Meran geführt. Die Neuorientierung des Fremdenverkehrs machte dieser traditionsreichen Verbindung ein Ende.

Wenden wir uns nun dem nördlichen und westlichen Niederösterreich zu. Außer den bereits eingangs erwähnten Strecken verdienen hier die Waldviertler Schmalspurbahnen Erwähnung, die einst Teil der Niederösterreichischen Landesbahnen waren. Die ehemaligen Maschinen, Reihe Mh, der Mariazellerbahn, welche sehr frühzeitig elektrifiziert wurde, stehen hier im Einsatz. Vor mehreren Jahren zählten auch noch die Reihen Mv, P, U und Uv zum Gmünder Bestand. Eine schon etwas altersschwache Uv dampft sogar noch jetzt gelegentlich durch die dunklen Wälder. Nach der Verdieselung der Ybbstalbahn gab eine Yv ein kurzes Gastspiel.

Eine Fahrt auf der südlichen Strecke von Gmünd nach Gr. Gerungs ist besonders zu empfehlen. Die Rampenstrecke von Gr. Pertholz nach Langschlag wird auch als der kleine Semmering bezeichnet. Leider verkehren seit jeher nur drei Personenzugpaare täglich, und ein Tagesausflug auf dieser nur etwa 170 km von Wien entfernten Strecke ist so gut wie unmöglich. Ob das wohl schon jemandem in der Direktion aufgefallen ist? Die zwei Güterzugpaare an Werktagen können die anfallende Fracht manchmal kaum bewältigen.

Die Strecke durch die Wachau ist landschaftlich von ganz einmaliger Schönheit. Sie war eine reine Domäne der 93er. Gelegentlich fuhren 75er als Triebwagenersatz. In einigen Katastrophenfällen wurde der Westbahnverkehr hier umgeleitet. Es muß ein einmaliges Bild gewesen sein: eine 93er vor einem internationalen Schnellzug!

Das Heizhaus St. Pölten beherbergte lange Zeit die ausgefallensten Raritäten. Diese „guten Stücke" besorgten meist den Verschubdienst. Daneben waren hier auch die Maschinen der Erlauftalbahn nach Kienberg-Gaming beheimatet. Die dafür eingesetzten ehemaligen bayerischen Pt2/3 der Reihe 770 überlebten ihre Schwestermaschinen in Bayern um etliche Jahre. Ihre Sparsamkeit trug diesen Maschinen den Spitznamen „Triebwagenschreck" ein. Vor der Elektrifizierung fuhren sie gelegentlich bis und ab Wien, und es wird von einem Zugführer berichtet, der, als er mit dem Bremszettel nach vorne kam, seinen Augen nicht trauen wollte ob des Führers verbindlicher Zusage, daß er mit diesem gebrechlichen Gebilde den Zug nach Pöchlarn bringen wolle. Unser Zugführer sollte während der Fahrt eines Besseren belehrt werden, denn es steckte einiges in dieser Lokomotive.

Guter Tradition getreu, die kleinsten und die größten Maschinen zuerst auszumustern, wollte man die 770er durch 93er ersetzen. Gerade zu jener Zeit amtete eine Rationalisierungskommission der ÖBB. Die Herren erkannten den Widersinn des Vorgehens und befahlen die Wiederinbetriebnahme der bereits abgestellten Loks.

Ein Juwel unter den Schmalspurbahnen ist ohne Zweifel die Ybbstalbahn, welche von Kienberg-Gaming über den Pfaffensattel ins Ybbstal und durch dieses nach Waidhofen führt. Bewaldete Täler, Steilrampen, Brücken im Wildweststil, Fachwerkbrücken und ein kristallklarer Fluß mit tiefgrün scheinendem Wasser, das sind die Reize dieser Strecke. Die Originalmaschine war die Yv mit der eigenwilligen Achsanordnung C-2t. Später gesellten sich Bh, Uh und Uv dazu.

In Waidhofen findet man Anschluß an die Strecke Amstetten—Klein Reifling—Selzthal—Bischofshofen. Im Jahre 1914 fuhren drei Schnellzugpaare auf dieser Strecke, unter anderem ein Zug Wien—Paris mit etwa fünf Stunden Fahrzeit für diesen Abschnitt. Im Fahrplan 1938/39 waren es noch ein Schnellzug und ein stark beschleunigter Personenzug, und schließlich blieb nur das Eilzugpaar 612/613 übrig. Bei Berücksichtigung der Schwierigkeit der Strecke läßt sich die 1914 erbrachte Leistung erst richtig ermessen.

Das Schaustück der Strecke ist ohne Zweifel das Gesäuse, ein enger, mit vielen Stromschnellen behafteter Abschnitt im Verlaufe des Ennstales. Im Gesäuse war bis Ende 1969 Dampfbetrieb anzutreffen, mit schweren, von 52ern in Doppeltraktion bergwärts gezogenen Erzzügen. Im Personenzugdienst war zuletzt die 78er eingesetzt. Das Heizhaus Amstetten verwendete für die gleichen Dienste vorher die Reihen 15, 38, 39 und kurzfristig auch 33 und 52. Einige Bischofshofner 135er befuhren die Strecke ebenfalls in ihrer ganzen Länge.

Kastenreith, der Bahnhof mit nur einer Weiche, ist der Abzweigungspunkt der Strecke durch das untere Ennstal nach St. Valentin. Diese Strecke war das letzte Einsatzgebiet der einstmals weitverbreiteten 429er. (35, 135). In den letzten Tagen des Dampfbetriebes kamen noch 77er zum Einsatz. Hier war auch das landschaftlich schönste Einsatzgebiet der G 10.

Von Hieflau, wo ein kleines Heizhaus noch recht lange ein bis zwei ehemalige Stadtbahnloks der Reihe 90 beherbergte, führt die Strecke nach Leoben, in deren Mitte die Erzbergbahn liegt. „Normalspurige Dampfzahnradbahn" verkündet das neueste Kursbuch in verschämtem Kleinstdruck. Die Erzbergbahn mit ihren die Hauptlast des Verkehrs tragenden kleinen C-1 Zahnradloks Reihe 97, deren älteste aus dem Eröffnungsjahr 1890 stammen, ist heute zu einem einmaligen Zeugen früher Eisenbahntechnik geworden. Jegliche Modernisierungsversuche des Zugförderungsdienstes schlugen bis jetzt eigentlich fehl. Die sechsfach gekuppelte Zahnradlok Reihe 197 ist wenig beliebt, da sie im Verhältnis zu ihrer Größe nur unwesentlich mehr Last befördert. Die größte Zahnradlok der Welt, die 297er, erbrachte wohl spektakuläre Leistungen, versagte aber im Alltagsbetrieb ziemlich kläglich. Der Maschinenmeister von Vordernberg pflegte einmal über sie zu sagen, daß er das eingesparte Lokpersonal in der Werkstätte beschäftigen müsse, um die Lok in Gang zu halten. Die letzten, großen Versager bildete bis jetzt der Versuch einer Verdieselung, und so fahren weiter je zwei der unverwüstlichen 97er mit den Erzzügen über den Berg.

Eine Fahrt über die bis zu 72 ‰ steilen Rampen der Erzbergbahn, welche man neuerdings auch ohne Formalitäten gegen Entrichtung einer bescheidenen Versicherungsgebühr am Führerstand mitmachen kann, sollte sich eigentlich niemand entgehen lassen, solange dieses seltene Schauspiel noch geboten wird.

Der große Bahnknotenpunkt Selzthal, ansonsten ein vollkommen unbedeutendes Nest, war lange das Nonplusultra für den Liebhaber des Dampfbetriebes.

Die Ennstallinie und die Alpentransversale Graz—Linz über den Schober- und den Phyrnpaß kreuzen sich in Selzthal. In den fünfziger Jahren waren an einem Tag in Selzthal bis zu zwanzig verschiedene Baureihen zu sehen. Schiebedienst und Vorspann gehörten zum Alltagsgeschehen. Wer das Privileg genoß, in der „Kaserne“ übernachten zu dürfen, wobei es manchmal nur die Sammelunterkunft, in der Fachsprache „Massengrab“ genannt, war, konnte sich vom wuchtigen Verbundauspuff der 178er, welcher als permanente Geräuschkulisse über dem Bahnhofsgelände hörbar war, einschläfern lassen. Zwei 52er mit einem Richtung Schoberpaß ausfahrenden Güterzug rissen einen dann meist aus dem Schlaf, besonders wenn es die Heizer zu gut gemeint hatten und gerade vor der Unterkunft die Sicherheitsventile ansprachen.

Am Schoberpaß gibt es, wie bei der Brennerbahn, keinen Scheiteltunnel. Obwohl dieser Paß als eher zahm zu bezeichnen ist, zwang seine Westrampe doch die meisten Züge, Vorspann zu nehmen. Das tägliche Schnellzugpaar wurde meist über die ganze Strecke mit einer 35er als Vorspann zur 33er befördert.

Im Gegensatz zum Schoberpaß, welcher einst Teil der Kronprinz-Rudolf-Bahn war, zählt die Phyrnbahn zu den um die Jahrhundertwende erbauten neuen Alpenbahnen. Während ihre Südrampe nur aus einem kurzen 25 ‰-Anstieg zum Bosrucktunnel besteht, weist die Nordseite erhebliche Kunstbauten auf. 78er und 52er sowie einige 50er waren hier lange Zeit regelmäßig anzutreffen. Zuletzt besorgten die 52er noch den Güterzugdienst bis Spital/P, wohin die Elektrifizierung bereits gelangt war.

Im Sommer 1971 endete auf dieser Strecke ohne großes Aufheben die planmäßige Beförderung von Schnellzügen mit Dampfloks bei den ÖBB. Der damals neu eingeführte „Beograd-Express“ wurde aus Gewichtsgründen auf der Bergfahrt von zwei 52ern geführt. Die sehr reichlich angesetzten Fahrzeiten gestatteten keinen glorreichen Abschied. In der Praxis wurde allerdings recht flott gefahren.

Klaus an der Phyrnbahn ist einer der Endpunkte der Steyrtalbahn, der letzten Schmalspurstrecke mit reinem Dampfbetrieb. Die Originalmaschinen wurden langsam von der U abgelöst, neuerdings ist auch eine 699.1 in Garsten zu finden. Der Wunsch, den Verkehr auf der Steyrtalbahn zum Erliegen zu bringen, scheint recht vehement zu sein. Ein erster Schritt in dieser Richtung wurde ohne Zweifel mit der Einstellung des Personenverkehrs zwischen Molln und Klaus getan. Nicht ungerechtfertigt erscheint dagegen die Schließung der kurzen Stichlinie nach Sierning. Die vor allem in ihrem oberen Teil landschaftlich sehr nette Strecke wäre einer Erhaltung sicher wert.

Die Zfl. Linz wurde, obwohl früh von der Elektrifizierung berührt, zu einem der letzten großen Heizhäuser des Landes. Außer der Phyrnbahn zählten die Summerauer- und die Mühlviertelstrecke mit der Steilstrecke des „Saurüssels“ zu den Einsatzgebieten der Dampfloks.

Alle von der Westbahn in nördlicher Richtung ausgehenden Linien haben dem Fotografen eigentlich wenig zu bieten. Wels und nachher Braunau/Inn waren die letzten Einsatzorte der P 8 in Österreich. Die Zfl. Attnang—Puchheim ist heute fast zu einem Museum geworden. Neben den Reihen 52 und 77, welche noch über den Hausruck fahren, befinden sich hier die Zeugen aus der Urzeit der Elektrifizierung nahezu vollzählig versammelt. Einen Teil dieser Maschinen könnte man fast elektrifizierte Dampfmaschinen nennen!

Von Attnang gelangt man leicht nach Bad Ischl, einem der Endpunkte der vor 15 Jahren eingestellten Salzkammergut-Lokalbahn. Um diese Bahn, welche große Popularität genoß und sogar in Volksliedern besungen wurde, entspann sich damals ein heftiger Kampf. Der Personenverkehr war in den Sommermonaten recht ansehnlich, der Güterverkehr dagegen, vor allem in den letzten Jahren, geradezu lächerlich. Ein trauriger Erhaltungszustand der meisten Anlagen und des Rollmaterials hätte bedeutende Investitionen erfordert, um den Betrieb aufrechtzuerhalten. Immerhin, die Firma Stern & Hafferl, Spezialist im Betreiben von Lokalbahnen, wäre bereit gewesen, das Erbe anzutreten. Die Auflage, das gesamte Personal zu übernehmen, welches zu versorgen war, vereitelte eine Einigung. Somit verblieb dem Salzkammergut nur die Zahnradbahn auf den Schafberg, einst ein Zweigbetrieb der SKGLB, welche jetzt von den ÖBB in den Sommermonaten, zumeist noch mit Dampf, betrieben wird.

Im Westen Österreichs setzte die Verdrängung der Dampfmaschinen schon in den Jahren ab 1925 ein, was durch die vielen Bergstrecken in diesem Gebiet natürlich sehr begründet war. Die Krimmler Bahn, eine 760 mm-Schmalspurstrecke von Zell/See nach Krimml, war somit der westliche Außenposten des regulären Dampfbetriebes der ÖBB. 1962 erfolgte die vollständige Umstellung auf Dieselbetrieb. Das Rückgrat des Dampflokparks bildete die Reihe U, im Güterverkehr war meist eine Uh eingesetzt.

Das Zentrum des Dampfbetriebes in Tirol war und ist noch immer Jenbach mit seinen Schmalspurbahnen. Zillertal- und Achenseebahn erfreuen sich vor allem während der Sommersaison großen Zuspruchs, und dank einmaliger Privatinitiative sind dem Zillertal einige Dampfmaschinen erhalten geblieben. Ein Kraftwerksbau im hinteren Zillertal, für welchen die Bahn alle Transporte ausführte, half der bereits arg notleidenden Bahn wieder auf die Beine. Der damals eingeführte Rollschemelbetrieb ermöglicht eine rationelle Güterbeförderung. Jedem, der noch nicht in Jenbach war, kann ich einen Besuch nur empfehlen. Der Betrieb der Achenseebahn, wo die Maschine in der Station Eben an die Zugsspitze geht und den Zug auf der Adhäsionsstrecke zum See befördert, dürfte in seiner Art heute einmalig auf der Welt sein. Das Betriebspersonal setzt sich weitgehend aus Pensionisten zusammen, und so lassen sich die Kosten für den nur wenige Monate im Jahr dauernden Betrieb in einem vertretbaren Rahmen halten.

Somit gelangen wir in den äußersten Westen, wo der letzte regelmäßige Dampfbetrieb auf der Strecke Lindau—St. Margrethen und auf der Bregenzerwaldbahn noch vor 1950 aufhörte. Um einen Eindruck von der Zeit vor der Aufnahme des elektrischen Betriebes am Arlberg zu geben, und weil Bilder dieser Strecke aus jener Zeit sehr selten sind, habe ich hier eine Ausnahme gemacht und ein Foto der Westrampe in den Bildteil aufgenommen. Bludenz und Landeck hatten bis 1970 wenigstens zeitweise je eine oder zwei Dampfloks in Reserve. Lange waren es zwei G 12 in Bludenz, die einzigen der ÖBB, dann je eine 95er. Zum Einsatz, für den sie gedacht waren, kamen diese Maschinen kaum jemals, denn erstens waren sie in der vorhandenen Anzahl für die Beförderung von Zügen auf der steilen Westrampe des Arlbergs zu schwach, zweitens gab es kaum mehr wirklich geeignetes Personal. Die Erstellung der Einsatzbereitschaft hätte außerdem jeweils viel Zeit in Anspruch genommen, und den schweizerischen Luxus zum Beispiel, in Erstfeld an der Gotthardbahn immer eine angeheizte Lok bereit zu haben, wollte man sich offenbar nicht leisten.

Eine G 12 konnte ich einmal unter Dampf sehen. Verbürgte Einsätze der 95er gab es beim Umbau der Trisannabrücke, wo sie dem Eröffnungszug — welche Ironie des Schicksals —, dessen Zuglok auf glitschigen Schienen hilflos wurde, beim Anfahren helfen mußte, ferner beim Bahnhofsumbau in Feldkirch, sowie ein einziges Mal anläßlich eines Fahrleitungsschadens auf der Westrampe. Ein Freund berichtete mir davon, wie die 95er am Zugschluß mitfuhr und dann mit aller Kraft versuchen mußte, den Zug auf dem stromlosen Abschnitt in Fahrt zu halten. Resultat: die Vorspannmaschine konnte mit dem vorderen Stromabnehmer gerade wieder den „Saft“ erreichen. Andere Katastropheneinsätze wurden von Loks des Bw Lindau bestritten. Im großen Lawinenwinter 1954 sollen mehrere 44er im Einsatz gewesen sein.

Noch immer und wohl noch lange wird die große Henschel-Dampfschneeschleuder helfen, die Strecke und vor allem den Bahnhof Langen im Winter frei zu halten. Sie in Betrieb zu sehen, erfordert Glück und Geduld.

Die vorerst letzte Fahrt einer Dampfmaschine über die ganze Arlbergstrecke machte im September 1972 die 77.09 der Zfl. Linz auf dem

Weg zur Teilnahme an Feierlichkeiten zum 125jährigen Bestand der Schweizer Bahnen.
Zum Schluß sollte die begrüßenswerte Initiative der Montafonerbahn nicht unerwähnt bleiben, auf welcher seit zwei Jahren wieder eine liebevoll instandgesetzte 178er mit Museumsdampfzügen unterwegs ist. Diese von Anfang an elektrisch betriebene Bahn wurde aber schon früher aushilfsweise von Dampflokomotiven des Heizhauses Bludenz befahren.
Fortschritt, auch auf dem Gebiet der Zugförderung, ist eine Notwendigkeit, und so werden wohl in wenigen Jahren die letzten Dampflokomotiven aus dem Regeldienst verschwunden sein. Höchstens vor einigen Sonderzügen auf Nebenbahnen werden sie noch von einer einst ruhmreichen Epoche des Bahnbetriebes künden.
Zwei Gedanken möchte ich hier am Schluß dieser Einleitung noch Raum geben. Muß, um die Vorteile der ohne jeden Zweifel leistungsfähigeren und rationelleren elektrischen Traktion hervorzuheben, unbedingt die Dampflokomotive, in deren Bau österreichische Ingenieure einst tonangebend waren, verteufelt werden? Zumindest was die Originalität des Lokomotivbaues anbetrifft, war jene Zeit der heutigen jedenfalls überlegen.
Das Studium alter Kursbücher wäre so manchem Fortschrittsapostel sehr zu empfehlen, und bei Vergleichen sollte nicht vergessen werden, daß zu Zeiten, als der Arlberg-Expreß für die Strecke Wien–Salzburg knapp über vier Stunden benötigte, die Streckenhöchstgeschwindigkeit 90 km/h betrug, während sie heute bei 140 km/h liegt.
Sodann erhebt sich die Frage, ob der Ersatz einer Dampflok durch ein Dieselfahrzeug unbedingt einen Fortschritt darstellt, wenn die Zahl der täglichen Verbindungen nach wie vor bei drei oder weniger bleibt und die Fahrzeit womöglich über derjenigen der Jahrhundertwende liegt. Mit den vielgepriesenen Umstellungen der Zugförderung auf den meisten österreichischen Schmalspurbahnen ist jedenfalls kaum der gewünschte Effekt einhergegangen. Man spricht jetzt von ihrer Einstellung! Und was soll mit den schönen, neuen Diesellokomotiven geschehen? War diese Entwicklung etwa unvorhersehbar? Ich möchte es bestreiten. Wer es nicht glaubt, unterhalte sich einmal mit Eisenbahnern, die auf Nebenstrecken Dienst tun. Sie wissen zu berichten, wo der Schuh drückt. Noch gibt es Zeit, dafür zu sorgen, daß eines Tages nicht nur die Lokomotiven auf vielen der folgenden Bilder, sondern auch die von ihnen befahrenen Strecken der Vergangenheit angehören.

15.17 mit Vorzug E 612 von Selzthal nach Ankunft in Wien-Westbahnhof zu Pfingsten 1954

310 66, Paradepferd der k. k. St. B., mit dem Luxuszug „Orientexpreß“ vor dem Wiener Westbahnhof im Jahre 1914

12 006 rund vierzig Jahre später, am 19. 12. 1952, dem Eröffnungstag des durchgehenden elektrischen Betriebes Wien–Bregenz, mit D 123 in Hütteldorf bei Wien

AA 12 ex 306.03 der k. k. St. B., Schnellzuglok der Westbahn als fahrbare Auswaschanlage in Wiener Neustadt (24. 4. 1953)

Zwei der drei auf der Westbahn verbliebenen S 10^1, jetzt als 617.1099 und 1089 in „konserviertem Zustand" im Heizhaus Amstetten (Februar 1954)

12.03 mit D 581 Wien–Rom am 31. 10. 1955 auf dem Gamperl-Viadukt der Semmering-Nordrampe, einige Monate vor dem Ende des kurzen „Gastspiels“ dieser Maschine auf der Südbahnstrecke

33.121 verläßt Wien-Südbahnhof mit dem D 581 am 22. 5. 1956

Dicker Rauch über Wien-Süd – 77.13 und 33.106 mit E 965 nach Graz und Villach am 29. 3. 1956

Der einzige internationale Zug der Nordbahnstrecke der fünfziger Jahre, der E 875 nach Prag, Warschau und Moskau, geführt von 77.75 am 13. 4. 1957 in Breitenlee

Ein seltener Gast am Wiener Franz-Josefs-Bahnhof, die 38.4105 mit Personenzug nach Krems am 24. 5. 1956

Bildtexte auf Seite 27

75 733

Bildtexte zu Seite 25:

78.623 mit E 833 in Klosterneuburg-Weidling am 18. 6. 1955 – ein Kurswagen nach Prag, das war damals der einzige grenzüberschreitende Verkehr der FJB.

Der „Dorftrottel" – 3071.12 – mit einer echt Wiener Einrichtung, dem Pendler nach Kritzendorf (FJB), in Heiligenstadt (16. 6. 1957)

Links oben:
75.733, die einzige mit Kobel, von Wien-FJB ausfahrend (9. 2. 1957)

Links unten:
Nochmals FJB und ihre Lokalzugmaschine, 75.745 und 718 mit Personenzug nach Tulln neben der Donau bei Nußdorf (14. 4. 1957)

Rechts oben:
„Mozart", der amerikanische Militärzug Wien FJB–Salzburg mit 39.307 auf der Wiener Vorortstrecke am 8. 5. 1953

Rechts unten:
Sonntagsausflugsverkehr auf der Westbahn – auch nach der Elektrifizierung teilweise dampfbetrieben – hier mit 93.405 am Rekawinkler Berg bei Gablitz (3. 5. 1953)

P 4219 Wien-Nordwestbahnhof–Mistelbach Lokalbahnhof, im Fachjargon der „Flachdachexpreß“ genannt, mit 75.790 am 29. 6. 1957 auf der Nordwestbahnbrücke, heute eine Autobahnbrücke

52.7412 und 77.263 auf der Donaukanalbrücke der Strecke Praterstern–Landstraße vor Aufnahme des Schnellbahnverkehrs (17. 6. 1959)

55.5707, für den Betrieb zum Ölhafen auf Ölfeuerung umgebaut, auf der Donauuferbahn in Wien (9. 5. 1957)

155.5909 im Personenzugdienst auf der Strecke Zistersdorf–Drösing am 14. 6. 1956

292.2107
292.2107
2509

Links: Verschubdienst – ehemalige Güterzuglok der Nordwestbahn, nun 354.306, in St. Pölten am 5. 10. 1954 – Unten: Gemeinsame Abfahrt von Wien-FJB zur Donauuferbahn, 292.2107, 392.2509 und 2517 (14. 6. 1956). – Oben: 156.3472, Heißdampfvariante der k. k. St. B. Reihe 170, mit Güterzug Mannersdorf–Götzendorf (27. 4. 57)

403.507 der GySEV mit Güterzug Sopron–Ebenfurt, nach Überquerung der Ausläufer des Leithagebirges bei Ebenfurt am 6. 7. 1963

77.40 und 33.127 mit Personenzug nach Wiener Neustadt bei Mödling am 20. 5. 1955

Bergstrecke der Aspangbahn – 77.255 mit P 1704 von Graz auf der Talfahrt über den Murtalbachviadukt bei Aspang am 17. 10. 1956

93.1385 unterstützt 52.3187 bei der Bergfahrt mit P 1751 nach Friedberg – 1. Ungarbachviadukt am 18. 4. 1963

Bildtexte auf Seite 41

Bildtexte auf Seite 41

Zug der Schneebergbahn am großen Steindamm bei Baumgartner. 999.04 ist mit Giesl-Ejektor ausgerüstet (13. 9. 1959). Interessant sind die Führungsschienen an der Seite, um ein Wegblasen des Zuges bei Sturm zu verhindern

Bildtexte zu Seite 38:

Vor der Kulisse des Schneebergs auf maximal 40 ‰ ziehen 93.1355 und 1314 den Frühpersonenzug Wien–Puchberg (22. 4. 1962). Die Vorspannlok ist mit dem berühmten Giesl-Ejektor ausgerüstet.

Österreichische Lokalbahn in Reinkultur – 91.41 mit Personenzug von Neuberg nach Mürzzuschlag bei Kohleben am 28. 6. 1956

Bildtexte zu Seite 39:

Auf der gleichen Strecke ein Jahr später bei Arzbach, mit der Mürz und der Schneealpe im Hintergrund. 91.41 hat jetzt einen Kessel der Reihe 91.1 (8. 7. 1957)

T 99 7301, Schneeberglok mit Reichsbahnnummer und russischem Beutezeichen – Bergfahrt bei Baumgartner, 16. 5. 1954

Rechts oben:
„RECTA SEQUI" – stolze Inschrift der Südbahn am Gumpoldskirchner Tunnel, welchen 919.166 eben mit Ex 198 von Rom in Richtung Wien verläßt (24. 9. 1956)

Rechts unten:
Der Semmering – letzte große Gebirgsstrecke mit Dampfbetrieb (Abbildungen bis Seite 51)
95.106 und 33.111, Normalbespannung für Schnellzüge, mit E 983 nach Villach am Unteren Adlitzgrabenviadukt (15. 9. 1956)

95.106 und 42.2713, dahinter kalt 392.2532, bergfahrend mit Güterzug am Schwaza-Viadukt (5. 4. 1958)

77.37 verläßt den Wolfsbergtunnel mit Personenzug nach Mürzzuschlag am 7. 9. 1954

Selten auf der Bergstrecke – 257.605 mit dem Sammler in Küb am 28. 6. 1956

Zweimal Kalte-Rinne-Viadukt: 35.232 mit dem Leig (Stückgüterzug) talfahrend am 15. 9. 1956

Der E 963 nach Graz, geführt von 33.121 und 127, eine klassische Südbahnbespannung, zu Pfingsten 1956

Und nun zweimal der Sammler mit außergewöhnlichen Zugloks: 659.23 – sonst nur auf der Südrampe im Schiebedienst eingesetzt – zu Pfingsten 1956 aus Breitenstein ausfahrend

157.429 vor dem Hintergrund von Rax und Kalter Rinne am 30. 6. 1956

Schiebe- und Vorspannmaschinen am Semmering:
Oben Signalhalt auf der Rückfahrt nach Gloggnitz, 95.113, 118, 115 beim Gamperltunnel am 4. 9. 1956
Unten 659.29 vor dem Bahnhof Semmering am 17. 2. 1957

Kreuzung im Bahnhof Semmering: E 963 mit 95.104 und 33.118 wartet auf die Einfahrt von 42.2715 mit Zug 1780 (29. 6. 1956)

Geballte Kraft vor Zug 1780 – 42.2567 und 52.1591 – darunter wie ein Spielzeug Lok 2 der Steinhauser Waldbahn. Steinhaus 6. 5. 1958. – Rechts oben: 95.104 als Vorspann zu 78.615 der Zfl. Graz mit D 565 vor der Weinzettelwand am 9. 4. 1959 – der Zug fährt am falschen Gleis! – Unten: Am letzten Tag des Dampfbetriebes, dem 29. 5. 1959, fuhren alle „Gloggnitzer" gemeinsam weg. 95.110, 108, 116, 112, 114, 115, 117, 104, 124, 113, 118, 102 bei kurzer Rast in Wiener Neustadt

95 104

DIE LETZTE FAHRT
VON
GLOGGNITZ
ES WAR SO SCHÖN
GEWESEN
DIE ELEKTRIFIZIERUNG
IST DAGEGEN GEWESEN
IN TIEFER
TRAUER
DIE
GLOGGNITZER

Lokalzug im Stil der Jahrhundertwende. 89.240 bei der Ausfahrt von Neudau Richtung Bierbaum am 20. 9. 1956. – Rechts oben: Triebwagenschnellzug einmal anders! TS 316 von Graz nach Salzburg mit 33.137 bei Bruck/Mur am 10. 7. 1959. – Unten: Auf der Murbrücke in Spielfeld-Straß: 175.808 mit Personenzug nach Radkersburg am 19. 9. 1956

Bilder von der Graz-Köflacher Bahn (GKB) (Abbildungen bis Seite 58) – 30.109 und 56.3231 mit schwerem Kohlenzug auf der Liebocher 5 ‰-Rampe (4. 8. 1954)

671 (ex Südbahn Reihe 29) beim Verschub in Bärnbach am 13. 7. 1957. In voller Rüstigkeit hat diese Maschine inzwischen ihren hundertsten Geburtstag erreicht und muß damit zu den ältesten betriebsfähigen Dampfloks der Welt zählen

415 (ex Südbahn 17c) in voller Fahrt mit dem zweiten Frühpersonenzug Wies–Graz bei Hollenegg am 1. 8. 1961

Nochmals die Liebocher Rampe – 56.3115 und 3190 bei der Einfahrt nach Premstätten-Tobelbad (28. 2. 1968)

Personenzug nach Wies mit 372 bei Straßgang (13. 7. 1958)

„Sulm 1“ mit LW 51 auf der Sulmtalbahn bei Gleinstätten am 31. 7. 1961

Steiermärkische Landesbahnen (Abbildungen bis Seite 64): GmP Kapfenberg–Au–Seewiesen, geführt von Loks Z 6 und ex SKGLB 11 bei der Haltestelle Hansenhütte am 2. 7. 1958

Oben:
S 7, ex SKGLB 7 mit vergrößerten Wasserkästen, mit WR 51 am 19. 4. 1963 bei Fischbach nahe Ratten

Unten:
Heeresfeldbahnlok 11.811 mit WR 51 in Anger am 10. 7. 1957

Seite 61:
Strecke Gleisdorf–Weiz, oben 178.02 mit GW 51 bei der Ausfahrt von Gleisdorf am 18. 4. 1963. – Unten: 130.03, ex Thunerseebahn 43, im Jahre 1929 gekauft, mit WR 53 bei Weiz am 30. 7. 1961

Seite 62:
Die beiden Kh – oben Nr. 111 mit Caprotti-Steuerung vor UM 51 nach Mauterndorf in Ramingstein-Thomatal (17. 2. 1959) – unten Nr. 101 mit UM 51 beim „Wasserln" in Stadl-Kaltwasser (30. 8. 1959)

Seite 63:
U 43 der Murtalbahn mit UM 53 beim „Ramingsteiner Loch" (1. 9. 1962)

Seite 64:
Die Attraktion der Murtalbahn: Selbstfahrlok „STAINZ 2", hier als Vorspann zu U 43 mit Leerzug nach Unzmarkt (13. 5. 1970)

Aus vergangenen Tagen der Gurktalbahn: 199.02 mit GT 62 in Gurk am 2. 8. 1958

Seite 65:
Zeltweg – 57.236 wartet auf die Abfahrt nach Fohnsdorf, 75.766 auf Leistungsprobefahrt (von der HW Knittelfeld) als Vorspann zu 135.339 mit Personenzug Bruck/M–Klagenfurt (5. 8. 1955)

55.5701, jahrelang die Leobener Reserve, 3. 9. 1956

U
43
U.43

199.02

57 236
75 766

LEOBEN
55 5701

33.108 und 919.166 vor D 581 Wien–Rom bei Göß im Murtal am 3. 9. 1956

Der Gegenzug D 580 mit 12.10 am Neumarkter Sattel bei Mariahof-St. Lamprecht am 26. 8. 1956

Rosenbach, am Nordportal des Karawankentunnels. 57.277 verläßt den Bahnhof mit Güterzug nach Klagenfurt (23. 8. 1955)

Völkermarkt-K.–Eisenkappel, ebenfalls ein Opfer der Einstellungspolitik, hier mit 699.101 am Gösselsdorfer See (3. 9. 1962)

86.848 mit Personenzug von Klagenfurt am Rosenbachviadukt (3. 9. 1962)

Am Fuße der Lienzer Dolomiten bei Dölsach. 33.111 nach einem Durchlauf von Gloggnitz knapp vor dem Ziel mit dem Samstag-Saisonzug Wien–Lienz (17. 8. 1957)

Abendstimmung im oberen Drautal bei Irschen. 258.914 vor dem Sammler Lienz–Spittal am 6. 8. 1956

Dreifachtraktion im Pustertal, 135.321 vor 258.920, Schub 258.906 bei Lienz mit Güterzug nach Innichen (23. 8. 1953)

Ebenfalls im schweren Güterzugdienst, aber wieder im Wiener Raum, 57.216 und 213 auf dem Weg von Stadlau nach Penzing in Simmering am 11. 11. 1961

„Die Lienzer Kaffeemühle“ 89.56 bei der Arbeit (27. 8. 1954)

Vom Süden zurück in den Norden. 454.422 mit Überstellzug St. Pölten Hbf.–Alpenbahnhof am 6. 5. 1956

93.1384 in Weißenkirchen in der Wachau vor Personenzug St. Valentin–Krems am 23. 3. 1967

52.6899 mit dem Kamptaler Sammler nach Horn bei Schönberg am 23. 3. 1967

399.04 auf der langen 25 ‰-Rampe zwischen Steinbach und Langschlag mit GG 87 nach Gr. Gerungs bei Abschlag (13. 5. 1961). Diese einmalige Strecke wird noch immer von der 399er befahren

Doppelausfahrt aus Alt-Nagelberg: 399.03 mit GN 53 nach Heidenreichstein, 299.02 – die Verbundtype – mit GN 51 nach Litschau (27. 5. 1958)

699.02 mit Güterzug Gmünd–Weitra am 27. 5. 1958

Pöchlarn–Kienberg-Gaming: 770.96 nähert sich mit PG 77 dem Endpunkt der Linie (2. 9. 1956)

Großes Treffen im Bahnhof Purgstall: 691.1347 mit Güterzug nach Pöchlarn, mit gleichem Ziel wartet 770.86 mit PG 22 auf die Einfahrt von PG 21, dessen Lok 770.95 den Aufnahmestandpunkt bot (1. 9. 1956)

Auf der Ybbstalbahn (Abbildungen bis Seite 82): Die Originalmaschine Yv, jetzt 598.02, verläßt Kienberg und nimmt Anlauf auf die Rampe des Pfaffensattels (2. 9. 1956)

Auf der anderen Seite des Sattels liegt Lunz am See: 498.07 mit GW 14 zu Pfingsten 1957

Seite 82: Es gibt viele Brücken auf der Ybbstalbahn – oben: 398.01 mit GW 16 bei Gaissulz am 23. 4. 1962 – unten: 298.207 mit GW 14 nach Lunz bei Opponitz am 18. 5. 1959. – Seite 83: T 38 4102 in Waidhofen a. d. Ybbs am Anfang der langen 18 ‰-Steigung nach Oberland (17. 7. 1955)

E 613 Wien–Bischofshofen. Kein schneller, aber ein interessanter Zug, mit 38.4103 vor 152.1389 bei der Einfahrt in Oberland am 4. 6. 1960

Die gute alte G 10 als 657.1002 mit GmP nach St. Valentin im Ennstal bei Kastenreith am 28. 8. 1956

Im Gesäuse (Abbildungen bis Seite 88): Der E 612 mit 15.10 oberhalb von Hieflau am 12. 7. 1953. Jahrelang war die Reihe 15 hier „zu Hause“

78.613 in Gesäuseeingang mit Personenzug nach Selzthal am 6. 10. 1968

Die 78er besorgten den Personenverkehr vor der Elektrifizierung, hier 78.624 mit E 613 bei Hieflau Blockstelle am 23. 3. 1969

Eine Sache für Frühaufsteher: Erster Zug um 5.00 Uhr von Hieflau nach Eisenerz, es führt 90.1032, als Gast am Führerstand H. Fröhlich (13. 7. 1953)

Bildtexte
auf
Seite 92

Bildtexte auf Seite 92

58.750 der Zfst. Bischofshofen mit dem Sammler nach Selzthal während eines Aufenthaltes in Mandling. (1. 3. 1957)

Bildtexte zu Seite 89:

Zweimal Reihe 39.3 im Eilzugdienst: oben 39.306 mit E 612 östlich von Selzthal am 1. 7. 1956. Das Nachbargleis ist dasjenige der Pyhrnbahn. – Unten: T 39 301, gekuppelt mit Tender der Lokreihe 617, vor E 613 in Hieflau einfahrend (2. 9. 1955)

Bildtexte zu Seite 90:

15.15 mit E 612 am 25. 2. 1955 aus Selzthal ausfahrend
33.117 verläßt Selzthal in Richtung Bischofshofen am 27. 2. 1958

Links oben:
Veteranen beim Verschub: 53.7102, Güterzuglok der Kaiserin Elisabeth-Westbahn, mit Elektrifizierungsbauzug in St. Veit/Glan am 23. 8. 1956

Links unten:
Das unverkennbare Merkmal Selzthals war der überall zu hörende Verbundauspuff der 92.2276 und ihrer Schwestern (27. 8. 1958)

Trotz Fahrdraht wacker bei der Arbeit: die 253.7140 in Amstetten (7. 6. 1957)

Am Schoberpaß: 35.234 und 33.104 mit D 213 Graz–Salzburg und Innsbruck auf der Talfahrt nach der Paßhöhe in Wald am 17. 7. 1957. – Seite 95: Phyrnbahn: 78.608 vor Personenzug Linz–Selzthal am Steyrling-Viadukt (31. 8. 1959). – Unten: 50.1805 überquert mit dem Sammler nach Linz die Steyrbrücke oberhalb Steyrling (21. 9. 1968)

Endstation – hoffentlich noch lange nicht für die Steyrtalbahn, wohl aber für 298.25 mit dem Güterzug Garsten–Klaus am 6. 11. 1971

Die Steyrtalbahnlok 298.102, mit GK 81 in Grünburg (5. 7. 1963)

Bildtexte auf Seite 101

Beidseits des Erzberges: links 86.781 und 52.1198 nahe Hieflau mit leeren Erzwagen auf der Fahrt nach Eisenerz am 23. 3. 1969. – Rechts die 156.3418 mit dem Personenzug Leoben–Hieflau knapp vor Vordernberg (3. 9. 1956)

Die Erzbergbahn, ein Mekka für Eisenbahnfreunde aus aller Welt: links 197.302 bei der Einfahrt in die Zahnradstrecke in Vordernberg. Schiebelok ist eine 97.2 (27. 8. 1956). – Rechts: Personenzug auf der Talfahrt nach Eisenerz, geführt von 97.209 zu Weihnachten 1965

Bildtexte zu Seite 98:

50.2835, früher 50 UK, mit Erzzug im Ennstal zu Ostern 1967

Ein Stammgast in Österreich, die P 8 hier als 638.1809 mit Personenzug von Passau in Puchberg bei Wels (14. 7. 1953)

Seite 101:
Oben: am Präbichl warten 197.303 und 97.201 auf die Talfahrt nach Vordernberg (26. 6. 1971). – Unten: Die 1-F-1 297.401, die größte Zahnradlok der Welt, am 3. 9. 1955 aus Vordernberg ausfahrend.

Die Salzkammergut-Lokalbahn (Abbildungen bis Seite 104), im Volksmund der „Feurige Elias“, erstes Opfer der Serie von Betriebseinstellungen: Lok 20 mit dem Güterzug nach Salzburg in Minimalausführung. Haltestelle Lueg am Wolfgangsee am 22. 7. 1957

Lok 7 in Hüttenstein am Krottensee unterwegs nach Salzburg (30. 8. 1956)

Oben:
Lok 22 – später bei der Zillertalbahn Nr. 4 – mit dem Güterzug nach Salzburg am Mondsee bei Plomberg (2. 8. 1957)

Unten:
Die Schafbergbahn, ehemals ein SKGLB-Betrieb; 999.102 auf Talfahrt in der Station Schafbergalpe am 21. 7. 1962

Rechte Seite:

In den westlichen Bundesländern (Abbildungen bis Seite 110).

Oben: Die Krimmler Bahn mit 998.01, ex HF 200, vor ZK 23 in Krimm am 22. 7. 1961.

Unten: Die Zillertalbahn, auch heute noch quicklebendig, in etwas älteren Tagen. Kreuzung in Schlitters: Nr. 1 mit P 33 nach Mayrhofen, Nr. 5 mit GmP 30. (10. 3. 1962).

KRIMML

Nr. 2 „Zillertal", wieder mit Kobel, mit dem E 1 der Zillertalbahn bei Fügen. Die Personenwagen stammen von der L. B. Payerbach–Hirschwang (14. 6. 1969)

Die alte Nr. 4 der Zillertalbahn, Hausreserve und Vorspannlok in Jenbach (31. 7. 56)

Die Achenseebahn: Sie ist die zweite Attraktion Jenbachs. Lok 2 am Achensee (3. 7. 1960)

Kohletransport für die Achenseeschiff-fahrt! Lok 2 bei Jenbach am 1. 8. 1956

Aus den letzten Tagen des Dampfbetriebes am Arlberg: Reihe 181, 1-E-2 hv, mit Güterzug auf der Westrampe bei Klösterle im Sommer 1922

Dampfschneeschleuder 986.903, geschoben von 1180.09, in Langen am Arlberg am 28. 1. 1967

Bludenz – 8. 4. 1962: 658.1767, eine der beiden G 12, welche für Hilfsdienste im Winter hier lange in Reserve gehalten wurde

Museumszug der Montafoner Bahn mit der liebevoll instandgesetzten 178.84 bei Vandans am 16. 8. 1970. Diese Lok kann auch von Amateurlokführern benützt werden

In voller Einsatzbereitschaft und gut gepflegt:
15.18 und 135.308 warten im Heizhaus Selzthal auf den Einsatz (29. 5. 1954)

„Sic transit gloria mundi" – eine 310er am Schluß eines Verschrottungszuges aus CSD-Rückführloks. Bei Liesing am 24. 4. 1954

Föhnstimmung über dem oberen Murtal zu Weihnachten 1963. U 11 der Murtalbahn mit UM 53 bei Kaindorf